Der Tourismus in der Mittelmeerregion. Chancen und Risiken am Fallbeispiel Mallorca

Patricia Wieczorek

Bibliografische Information der Deutschen Nationalbibliothek:

Die Deutsche Nationalbibliothek verzeichnet diese Publikation in der Deutschen Nationalbibliografie; detaillierte bibliografische Daten sind im Internet über http://dnb.d-nb.de abrufbar.

ISBN: 9783346261939
Dieses Buch ist auch als E-Book erhältlich.

Nymphenburger Straße 86
80636 München

Druck und Bindung: Books on Demand GmbH, Norderstedt Germany
Gedruckt auf säurefreiem Papier aus verantwortungsvollen Quellen

Das Buch bei GRIN: https://www.grin.com/document/933919

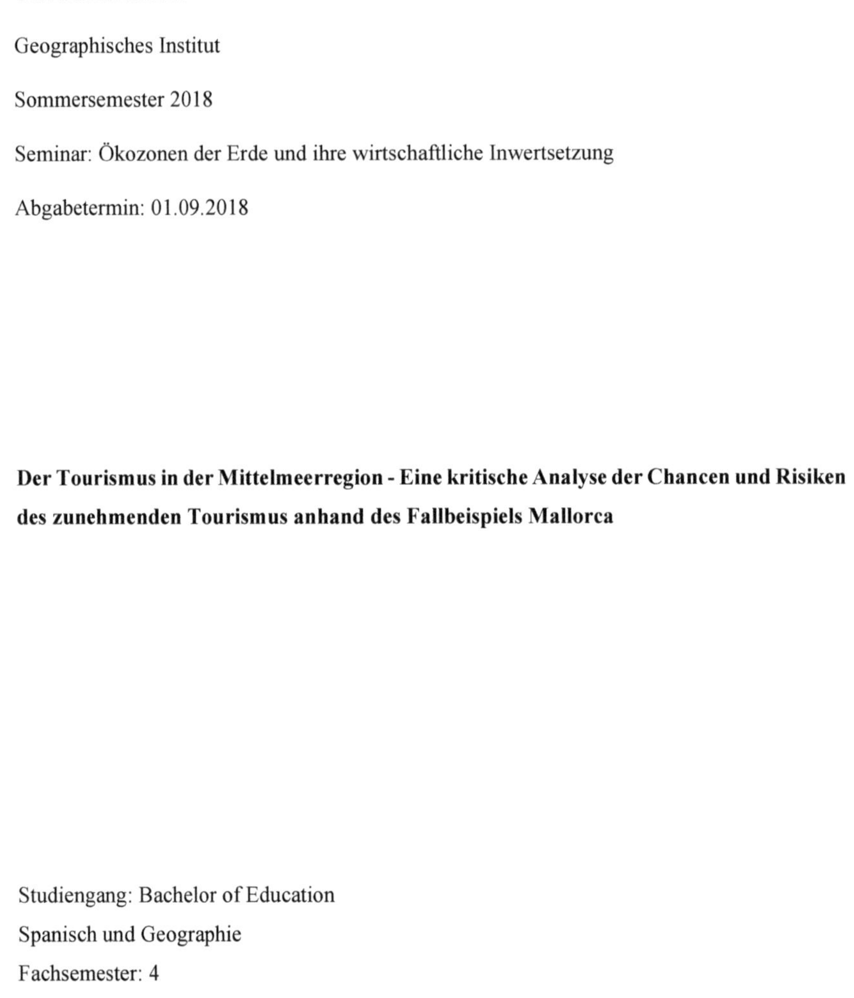

Universität zu Köln

Geographisches Institut

Sommersemester 2018

Seminar: Ökozonen der Erde und ihre wirtschaftliche Inwertsetzung

Abgabetermin: 01.09.2018

Der Tourismus in der Mittelmeerregion - Eine kritische Analyse der Chancen und Risiken des zunehmenden Tourismus anhand des Fallbeispiels Mallorca

Studiengang: Bachelor of Education
Spanisch und Geographie
Fachsemester: 4

Inhaltsverzeichnis

I Abbildungsverzeichnis

II Tabellenverzeichnis

1. Einleitung

Der Tourismussektor gehört zu den am schnellsten wachsenden Wirtschaftszweigen der Welt und stellt für viele Staaten eine wichtige Einnahmequelle dar. Gleichzeitig werden immer mehr Destinationen für den Tourismus erschlossen und nach Prognosen der UNWTO wird dieser Trend des zunehmenden Tourismus weltweit weiter ansteigen (UNWTO 2017: 2ff). Dabei zählt der Mittelmeerraum zu den touristischen Destinationen, die die meisten Tourismusankünfte weltweit verzeichnen (Kagermeier 2016: 1).

Der Mittelmeerraum lässt sich der Ökozone der winterfeuchten Subtropen zuordnen und ist bekannt für seine intensive touristische Inwertsetzung der Kulturlandschaft und vor allem der Küstengebiete, da sich die Lage am Meer als vorteilhaft für den Badetourismus erwiesen hat. In vielen Ländern der winterfeuchten Subtropen zeichnet sich der Tourismus vermehrt durch ein Massenphänomen aus. (Schultz 2016: 203). Viele Länder des Mittelmeerraums geraten zunehmend mit negativen Schlagzeilen, wie „Wenn der Massentourismus Traumlandschaften ruiniert" (Welt ONLINE 2017), in die Öffentlichkeit.

Angesichts dieser Entwicklungen stellt sich die Frage nach den Auswirkungen des stetig wachsenden Tourismus auf die touristischen Destinationen des Mittelmeerraums. Um den Rahmen dieser Arbeit nicht zu sprengen, werden die Auswirkungen exemplarisch anhand des Fallbeispiels Mallorca näher erläutert. Im Mittelpunkt der Untersuchungen stehen vor allem die Risiken, die der zunehmende Tourismus in den Regionen der winterfeuchten Subtropen mit sich bringt. Dabei wird vor allem der Frage nachgegangen, inwieweit die Natur zugunsten der touristischen Nutzung zerstört wird. Das wichtigste Forschungsinteresse dieser Arbeit liegt in der Analyse der Wechselwirkungen zwischen dem Tourismus und der Ökosysteme, welche anhand des Massentourismus-Syndroms auf Mallorca untersucht werden.

Im ersten Teil der vorliegenden Arbeit wird das touristische Potenzial der winterfeuchten Subtropen dargestellt, um ein besseres Verständnis dafür zu geben, warum der Mittelmeerraum ein so beliebtes Reiseziel für viele Urlauber ist.

Anschließend folgt eine kurze Darstellung der Entwicklung des Tourismus im Mittelmeerraum. Im nächsten Teil werden die möglichen Chancen, die der Tourismus auf Mallorca bietet, kritisch analysiert und gleichzeitig wird bewertet, inwieweit die Region von den aktuellen Entwicklungen profitiert.

Das fünfte Kapitel ist der ausführlichen Definition des Begriffs des Massentourismus-Syndroms gewidmet, der anhand der Auswirkungen auf Mallorca erläutert wird. Im Fokus dieses Kapitels stehen vor allem die durch touristischen Aktivitäten verursachten Auswirkungen auf die verschiedenen Ökosysteme. Darauf aufbauend wird ein Ansatz auf Mallorca, mit dem Ziel den Massentourismus zu begrenzen, dargestellt.

Zum Schluss werden mögliche Entwicklungsperspektiven, vor allem in Hinblick auf den zunehmenden Klimawandel, näher erforscht und mögliche Auswirkungen auf die Destinationen des Mittelmeerraumes auf langfristige Sicht analysiert.

2. Das touristische Potenzial der winterfeuchten Subtropen

Im folgenden Kapitel gilt es einen Überblick über die naturräumlichen Voraussetzungen der winterfeuchten Subtropen zu schaffen, damit der Leser ein besseres Verständnis dafür erhält, warum der Mittelmeerraum, der mit über 50% der gesamten Fläche, als größtes Teilgebiet der Ökozone gilt, eine beliebte Reiseregion darstellt (Zech 2014: 50).

Obwohl die winterfeuchten Subtropen als Ganzes die kleinste Ökozone darstellen, zeichnet sie jedoch die stärkste Fragmentierung der einzelnen Regionen aus. Die Regionen der Ökozonen verteilen sich auf fünf verschiedene voneinander isolierte Teilgebiete und befinden sich auf den Westseiten der jeweiligen Kontinente (vgl. Abb. 1).

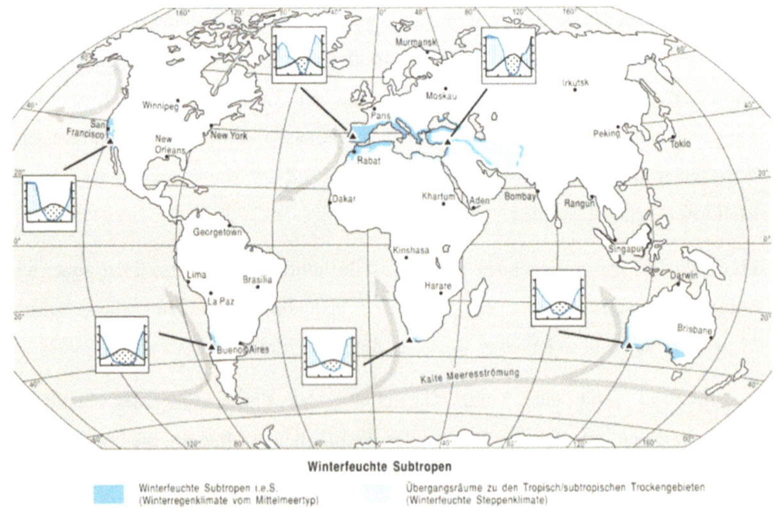

Abb. 1: Winterfeuchte Subtropen (Schultz 2016: 190)

Bei genauer Betrachtung der globalen Verteilung der Gebiete fällt auf, dass diese vor allem in Küstennähe liegen. Die Lage am Meer stellt für viele Regionen der winterfeuchten Subtropen eine wichtige naturräumliche Voraussetzung für den Badetourismus dar (Schultz 2016: 191).

Eine weitere wichtige Voraussetzung für die touristische Attraktivität sind neben der Nähe zum Meer auch die klimatischen Bedingungen. Das Klima im Sommer zeichnet sich durch Trockenheit aus, da die Ökozone „im Einflussbereich der subtropisch- randtropischen Hochdruckgebiete steht“ (Schultz 2016: 191). Im Winter hingegen steht die Ökozone unter Einfluss des zyklonalen Wettergeschehens der Westwindzone, da sich die innertropische Konvergenzzone zunehmend nach Süden verlagert (Schultz 2016: 191). Die klimatischen Eigenschaften der winterfeuchten Subtropen werden im Folgenden an der marokkanischen Stadt Casablanca exemplarisch verdeutlicht.

In Casablanca herrscht zwischen Ende April und Ende Oktober ein arides Klima. Das bedeutet, dass die allgemeine Verdunstungsrate die Niederschlagsrate übersteigt. Charakteristisch für diese Zeitspanne sind also die hohen Temperaturen und die geringen Niederschläge. Die höchsten Temperaturen herrschen zwischen Juli und August, wo die mittlere Temperatur bei 22 °C liegt. Somit findet man hier vom Frühling bis zum Herbst ideale klimatische Bedingungen, welche die touristische Attraktivität der Region steigern. Auch wenn die Monate zwischen November und Mitte April als humid einzustufen sind, und in diesen Monaten die größten Niederschlagsmengen fallen, bleiben die Temperaturen relativ mild und fallen nie unter 10 °C. Diese Beobachtung lässt sich auf die Meeresnähe zurückführen, da das Meer in den Wintermonaten seine gespeicherte Wärmeenergie abgibt (vgl. Abb.2).

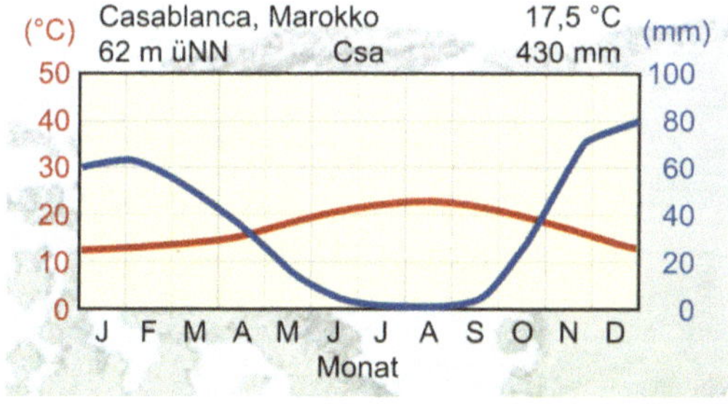

Abb. 2: Klimadiagramm Casablanca (Zech 2014: 50)

Neben den klimatischen Vorzügen bietet die Ökozone der winterfeuchten Subtropen zudem auch ein großes Naturpotenzial. Generell ist die Artenzahl der Gefäßpflanzen in allen Teilen der Ökozone im Vergleich zu anderen Gebieten sehr hoch. Der gesamte Mittelmeerraum zeigt mit 1000 - 2000 Arten pro 10.000 km² eine große Vielfalt auf. Die größte Biodiversität der Ökozone findet man jedoch in Südafrika, wo die Artenzahl pro 10.000 km² bei über 4.000 liegt (vgl. Abb. 3 Anhang). Einschränkend für das Potenzial sind jedoch auftretende Waldbrände, vor allem in Regionen des Mittelmeerraums, die durch die starke Trockenheit im Sommer ausgelöst werden (Schultz 2016: 199).

Abschließend lassen sich noch kulturelle Anziehungspunkte nennen, die das touristische Potenzial erhöhen, da die Ökozone viele Regionen mit jeweils unterschiedlichen Kulturen einschließt und auch Städte mit einer großen geschichtlichen Bedeutung umfasst, was den Städtetourismus dort fördern kann (Hahn 2009: 19).

3. Die Entwicklung des Tourismus im Mittelmeerraum

Aufbauend auf der Frage, warum Regionen der winterfeuchten Subtropen zu den beliebtesten Reiseregionen zählen, wird folgend die Entwicklung des Tourismus im Mittelmeerraum skizziert. Auch wenn es bereits im 19. Jahrhundert Ansätze in der Region gegeben hat, die eine touristische Inwertsetzung belegen, liegt der Fokus dieser Arbeit auf der Zeitspanne, die das Einsetzen des Massentourismus beschreibt. Mitte der 1950er Jahre stiegen die Besucherzahlen im Mittelmeerraum durch die touristische Erschließung des nördlichen Italiens bedeutend an. Daraufhin folgte etwas zeitversetzt die Erschließung Spaniens und Frankreichs (Kagermeier 2000: 65). Weitere Regionen, insbesondere die von Westeuropa weiter entfernt liegenden Gebiete, wurden ab den frühen 1960er Jahren zunehmend touristisch erschlossen (Kagermeier 2016: 1).

Welche Bedeutung der Tourismus im Mittelmeerraum im internationalen Vergleich hat, belegen die statistischen Daten der UNWTO. Der Tabelle zu entnehmen ist, dass der Mittelmeerraum - in der Tabelle repräsentiert durch Südeuropa/Mediterranes Europa - mit über 228 Millionen touristischen Ankünften im Jahr 2016 die bedeutendste touristische Region weltweit ist. Somit hat dieser Raum einen Marktanteil von 18,5 % an den weltweiten touristischen Ankünften (vgl. Tab. 1).

Laut Prognosen der UNWTO wird jedoch im Jahr 2030 das Gebiet Nordostasien die Stelle des Mittelmeerraums einnehmen und die höchsten touristischen Ankünfte verzeichnen, was vor allem auf die höheren Wachstumsraten in dieser Region zurückzuführen ist (UNWTO 2016: 15).

Gleichzeitig hat der Mittelmeerraum mit dem Anrainerland Türkei durch den misslungenen Putschversuch und den darauffolgenden Einreisewarnungen an Einreisenden verloren. Die touristischen Ankünfte im Mittelmeerraum stiegen dennoch weiter, im Vergleich zu den Vorjahren jedoch in einem geringeren Ausmaß (UNWTO 2016: 7).

Tab. 1: Internationale Touristenankünfte (UNWTO, 2007: 4)

	International tourist arrivals (million)							Market share (%)	Change (%)			Average a year (%)
	1990	1995	2000	2005	2010	2015	2016*	2016*	14/13	15/14	16*/15	2005-'16*
World	**435**	**526**	**674**	**809**	**953**	**1,189**	**1,235**	**100**	**4.0**	**4.5**	**3.9**	**3.9**
Advanced economies[1]	299	337	424	470	516	654	685	55.5	5.7	5.0	4.8	3.5
Emerging economies[1]	136	189	250	339	437	536	550	44.5	2.1	4.0	2.7	4.5
By UNWTO regions:												
Europe	**261.5**	**303.5**	**386.6**	**453.2**	**489.0**	**603.7**	**616.2**	**49.9**	**1.7**	**4.8**	**2.1**	**2.8**
Northern Europe	28.7	36.4	44.8	59.9	62.8	75.4	80.2	6.5	5.3	6.5	6.4	2.7
Western Europe	108.6	112.2	139.7	141.7	154.4	181.4	181.5	14.7	2.2	3.5	0.0	2.3
Central/Eastern Europe	33.9	58.9	69.6	95.3	98.5	121.4	126.0	10.2	-9.1	5.4	3.8	2.6
Southern/Medit. Europe	90.3	96.0	132.6	156.4	173.3	225.5	228.5	18.5	6.9	4.9	1.3	3.5
of which EU 28	230.1	266.0	330.5	367.9	384.3	477.8	500.1	40.5	4.7	5.3	4.7	2.8
Asia and the Pacific	**55.9**	**82.1**	**110.4**	**154.1**	**208.1**	**284.0**	**308.4**	**25.0**	**6.1**	**5.4**	**8.6**	**6.5**
North-East Asia	26.4	41.3	58.3	85.9	111.5	142.1	154.3	12.5	7.3	4.3	8.6	5.5
South-East Asia	21.2	28.5	36.3	49.0	70.5	104.2	113.2	9.2	2.9	7.4	8.6	7.9
Oceania	5.2	8.1	9.6	10.9	11.4	14.3	15.6	1.3	6.1	7.6	9.4	3.3
South Asia	3.2	4.2	6.1	8.3	14.7	23.4	25.3	2.0	12.9	2.3	7.8	10.7
Americas	**92.8**	**108.9**	**128.2**	**133.3**	**150.1**	**192.7**	**199.3**	**16.1**	**8.5**	**5.9**	**3.5**	**3.7**
North America	71.8	80.5	91.5	89.9	99.5	127.5	130.5	10.6	9.7	5.5	2.4	3.4
Caribbean	11.4	14.0	17.1	18.8	19.5	24.1	25.2	2.0	5.5	8.1	4.7	2.7
Central America	1.9	2.6	4.3	6.3	7.8	10.2	10.7	0.9	5.6	6.8	4.9	5.0
South America	7.7	11.7	15.3	18.3	23.2	30.8	32.8	2.7	7.1	5.9	6.6	5.4
Africa	**14.8**	**18.7**	**26.2**	**34.8**	**50.4**	**53.4**	**57.8**	**4.7**	**0.6**	**-2.9**	**8.1**	**4.7**
North Africa	8.4	7.3	10.2	13.9	19.7	18.0	18.6	1.5	-1.4	-12.0	3.5	2.7
Subsaharan Africa	6.4	11.5	16.0	20.9	30.7	35.4	39.2	3.2	1.9	2.4	10.5	5.9
Middle East	**9.6**	**12.7**	**22.4**	**33.7**	**55.4**	**55.6**	**53.6**	**4.3**	**8.7**	**0.6**	**-3.7**	**4.3**

Dadurch ergibt sich auch, dass der Tourismus im Mittelmeerraum eine große ökonomische Bedeutung trägt. Die unten aufgeführte Tabelle macht deutlich, dass die drei Mittelmeeranrainerländer Spanien, Frankreich und Italien, zu den Ländern mit den höchsten Einnahmen aus dem Tourismussektor zählen. Die höchsten Einnahmen verzeichnet dabei Spanien mit 60,3 Billionen Euro, die 2016 im Tourismussektor erwirtschaftet worden sind (Vgl. Tab. 2).

Tab. 2: Internationale Tourismuseinnahmen Top 10 (UNWTO, 2007: 6)

International tourism receipts		US$ (billion)		US$ Change (%)		Local currencies Change (%)	
Rank		2015	2016*	15/14	16*/15	15/14	16*/15
1	United States	205.4	205.9	7.0	0.3	7.0	0.3
2	Spain	56.5	60.3	-13.3	6.9	3.8	7.1
3	Thailand	44.9	49.9	16.9	11.0	23.0	14.7
4	China	45.0	44.4	2.1	-1.2	3.6	5.3
5	France	44.9	42.5	-22.9	-5.3	-7.6	-5.1
6	Italy	39.4	40.2	-13.3	2.0	3.8	2.3
7	United Kingdom	45.5	39.6	-2.3	-12.9	5.2	-1.4
8	Germany	36.9	37.4	-14.8	1.4	2.0	1.7
9	Hong Kong (China)	36.2	32.9	-5.8	-9.1	-5.8	-9.0
10	Australia	28.9	32.4	-8.2	12.3	10.2	13.5

Bei all diesen Daten der UNWTO ist jedoch zu berücksichtigen, dass die Statistiken nicht den intraregionalen Tourismus mit einbeziehen, bei Ländern mit einer großen Bedeutung für den Binnentourismus würden die Ergebnisse dann anders ausfallen. (UNWTO 2016: 12).

4. Auswirkungen des zunehmenden Tourismus - Fallbeispiel Mallorca

Aus den aktuellen Entwicklungen des Tourismus im Mittelmeerraum lässt sich schließen, dass der Tourismus in vielen Ländern durch die jährlich steigenden Besucherzahlen charakterisiert ist. Dieses Phänomen wird in der Literatur häufig als Massentourismus bezeichnet. Dieser Begriff wird jedoch zunehmend negativ verwendet, um die aktuellen touristischen Entwicklungen zu kritisieren, und ist somit negativ konnotiert (Lenz & Noland 2013: 14ff).

Mallorca zählt dabei als ein idealtypisches Beispiel für eine massentouristische Destination. Mit einer Fläche von 3600 km² gehört die Insel zu der größten und bevölkerungsreichsten der Baleareninseln. Gleichzeitig wird die Insel durch ihre intensive touristische Nutzung geprägt (Deyá Tortella & Tirado 2011: 2570).

Im Jahr 2011 zählte sie insgesamt 8.867.343 Touristenankünfte, wobei der Anteil internationaler Touristen im Vergleich zu den anderen Baleareninseln hoch ausfällt. Die größte Touristengruppe auf Mallorca im Hinblick auf die Herkunft bilden die Deutschen mit 37, 3 %, dicht gefolgt von den Briten. Der unten abgebildeten Tabelle ist ebenfalls zu entnehmen, dass das größte touristische Volumen auf Mallorca entfällt und die Insel somit innerhalb der Baleareninseln die Spitzenposition hinsichtlich der Besucherzahlen einnimmt (vgl. Tab. 3).

Tab. 3: Touristenankünfte auf den Baleareninseln nach Herkunft in 2011(EL TURISME A LES ILLES BALEARS 2011: S 58)

	TURISTES/ TURISTAS/ TOURISTS			
PAÍS/ PAÍS/ COUNTRY	MALLORCA	MENORCA	EIVISSA I FORMENTERA	ILLES BALEARS
Alemanya/ *Alemania/ Germany*	3.307.344	69.673	310.210	3.687.227
Regne Unit/ *Reino Unido/ United Kingdom*	1.897.340	390.932	668.316	2.956.588
Itàlia/ *Italia/ Italy*	163.912	97.779	325.207	586.898
Països Baixos/ *Países Bajos/ The Netherlands*	260.537	17.753	83.740	362.030
Suïssa/ *Suiza/ Switzerland*	280.457	9.159	37.808	327.424
França/ *Francia/ France*	317.411	1.150	88.592	407.153
Altres internacional/ *Otros internacional/ Other international*	1.447.200	42.039	157.960	1.647.199
Internacional/ *Internacional/ International*	**7.674.201**	**628.485**	**1.671.833**	**9.974.519**
Nacional/ *Nacional/ Domestic*	**1.193.142**	**482.095**	**666.643**	**2.341.880**
TOTAL	**8.867.343**	**1.110.580**	**2.338.476**	**12.316.399**

Man könnte zunächst annehmen, dass es sich hierbei um eine Situation handelt, von der die Insel in hohem Maße profitiert, denn die UNWTO spricht von wirtschaftlichen Vorteilen für die Destinationen, wie zum Beispiel der Schaffung von Arbeitsplätzen, dem Ausbau der lokalen Infrastruktur und der steigenden Wirtschaftskraft durch den zunehmenden Tourismus (UNWTO 2016: 2) Tatsächlich zählt Mallorca zu den wirtschaftsstärksten Provinzen Spaniens mit dem zweithöchsten Pro-Kopf-Einkommen innerhalb des Landes. Zudem liegt die Arbeitslosenquote auf Mallorca unter dem Durchschnitt Spaniens (Paulus 2015: 16).

Diesen wirtschaftlichen Erfolg durch den Tourismus auf Mallorca muss man jedoch in der Hinsicht einschränken, dass der Tourismus auf der Insel durch eine starke Saisonalität charakterisiert ist. Die meisten Touristenankünfte verzeichnet die Insel zwischen den Monaten März und Oktober, wohingegen die Touristenzahlen in den anderen Monaten weit zurückgehen (Vgl. Abb. 4).

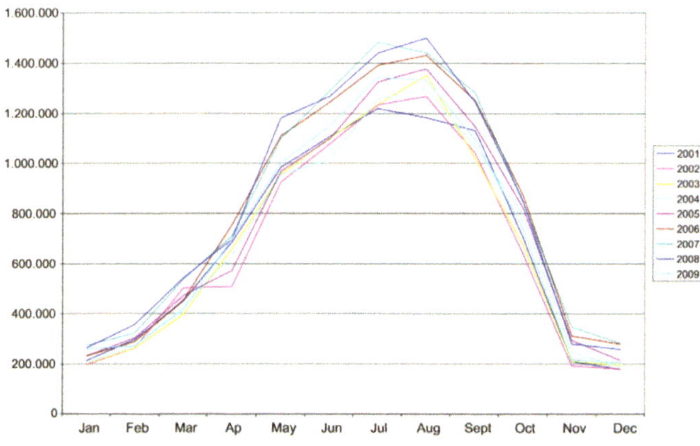

Abb. 4: Die Verteilung der Touristenankünfte 2001-2009. (Deyá Tortella & Tirado 2011: S. 2572)

Diese Beobachtung spiegelt sich ebenfalls in der Entwicklung der Arbeitsplätze wider. Viele der vom Tourismus abhängigen Arbeitsplätze sind daher nur saisonal. Auch wenn die Arbeitsplätze im Tourismussektor vom Jahr 2011 bis 2016 um 26% gestiegen sind, schwankt die Anzahl der Arbeitsplätze im Verlauf des Jahres abhängig von der saisonalen Nachfrage der Urlauber (Vgl. Tab.4)

SECTOR TURÍSTIC *SECTOR TURÍSTICO* *TOURISM SECTOR*	2011	2012	2013	2014	2015	2016
Trimestre 1/ *Trimestre1/ Quarter 1*	88.400	82.600	85.400	83.100	98.200	118.100
Trimestre 2/ *Trimestre2/ Quarter 2*	130.600	130.700	139.400	131.600	151.800	157.500
Trimestre 3/ *Trimestre3/ Quarter 3*	148.400	151.100	163.000	157.600	172.600	182.800
Trimestre 4/ *Trimestre 4/ Quarter 4*	100.900	107.100	106.900	116.200	133.900	132.300
TOTAL	**117.100**	**117.900**	**123.700**	**122.100**	**139.100**	**147.600**

Tab. 4: Beschäftigte im Tourismussektor 2011-2016 (EL TURISME A LES ILLES BALEARS 2016: S 9. Verändert.)

5. Probleme und Risiken des Massentourismus auf Mallorca

Neben dem wirtschaftlichen Wachstum, das Mallorca durch den Massentourismus erfahren hat, gibt es in ökologischer, ökonomischer und sozialer Hinsicht hingegen zahlreiche negative Auswirkungen. Diese werden im folgenden Kapitel näher erläutert, sowie die Wechselbeziehung zwischen den verschiedenen Auswirkungen erfasst. Grundlage hierfür stellt das „Massentourismus-Syndrom" dar. Der Wasserproblematik sei aufgrund ihrer Komplexität ein eigenes Kapitel im Anschluss gewidmet.

5.1 Das Massentourismus-Syndrom - Mallorca

Mit dem Massentourismus-Syndrom wird die Erschließung und Schädigung von Naturräumen für Erholungszwecke beschrieben. Im Hinblick auf den weltweit zunehmenden Tourismus werden anhand dieses Konzepts die mit dieser Entwicklung einhergehenden Sozial- und Umweltschäden beschrieben (Cassel-Gintz & Harenberg 2002: 31).

Nachstehend werden zunächst die ökologischen Auswirkungen auf Mallorca thematisiert, wobei die Beschreibung der Wechselwirkungen der verschiedenen Sphären von besonderem Interesse ist. Aufbauend auf der klimatischen und naturräumlichen Beschreibung der Ökozone der winterfeuchten Subtropen, soll darüber hinaus herausgestellt werden, wie sich diese ökologischen Folgen auf die Ökozone auswirken.

Die starke Entwicklung der touristischen Nachfrage auf Mallorca führte ab 1960 zu einem regelrechten Bauboom, der zum größten Teil ohne eine kontrollierte Planung der Tourismuspolitik vonstatten ging. Die massive Errichtung touristischer Infrastruktur, vor allem von Hotels, ging mit einer starken Zersiedlung der Landschaft einher (Schmitt 2000: 53ff).

Besonders problematisch zu sehen ist die räumliche Konzentration dieser touristischen Erschließung auf die nordwestliche Region der Insel, während die Erbauung von Hotelkomplexen im Inselinneren vergleichsweise gering ausfällt. Insgesamt 39 % aller Hotels auf Mallorca befinden sich im Nordwesten der Insel (Vgl. Abb. 5)

Zurückzuführen ist diese ungleichmäßige, touristische Erschließung auf das bedeutendste Reisemotiv der Touristen: den Badeurlaub. Dadurch werden die flachen Sandstrände der Insel bevorzugt, während die felsigen Küstengebiete ein geringeres touristisches Potenzial aufweisen. Durch die erhebliche Übernutzung der Sandküsten kommt es dabei zu einer starken Beschädigung ihrer Ökosysteme (Schmitt 2000: 57).

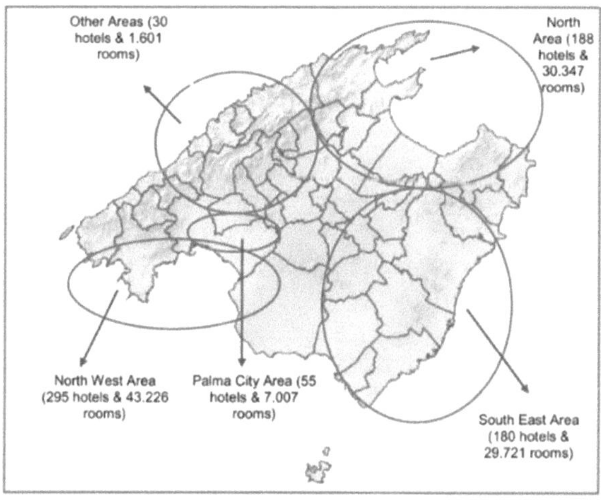

Abb. 5: Verteilung der Hotels auf Mallorca (Deyá Tortella & Tirado 2011: S. 2575)

Das Sandstrand- und Dünenökosystem Mallorcas ist durch die hohe touristische Aktivität einer zunehmenden Degradation ausgesetzt. Durch die Bebauung und die mechanische Belastung, die auf das Ökosystem wirken, wie zum Beispiel durch mechanisierten Verkehr oder durch die Trittbelastungen der Touristen, verschwindet die Vegetationsdecke mit der Zeit. Dadurch sinkt dort die Artenzahl der Flora und Fauna, die, wie in vorherigen Kapiteln erläutert, in den winterfeuchten Subtropen vergleichsweise hoch ist. Daraus resultiert eine Abnahme der Biodiversität (vgl. Abb. 6). Ein weiteres Problem der mechanischen Belastung ist die dadurch verursachte Bodenverdichtung, die bei starken Regenfällen zu einem erhöhten Oberflächenabfluss führt, und somit die Bodenerosion begünstigt (vgl. Abb. 6). In der Ökozone der winterfeuchten Subtropen ist dies vor allem in den Wintermonaten, in denen erhöhte Niederschläge fallen, problematisch.

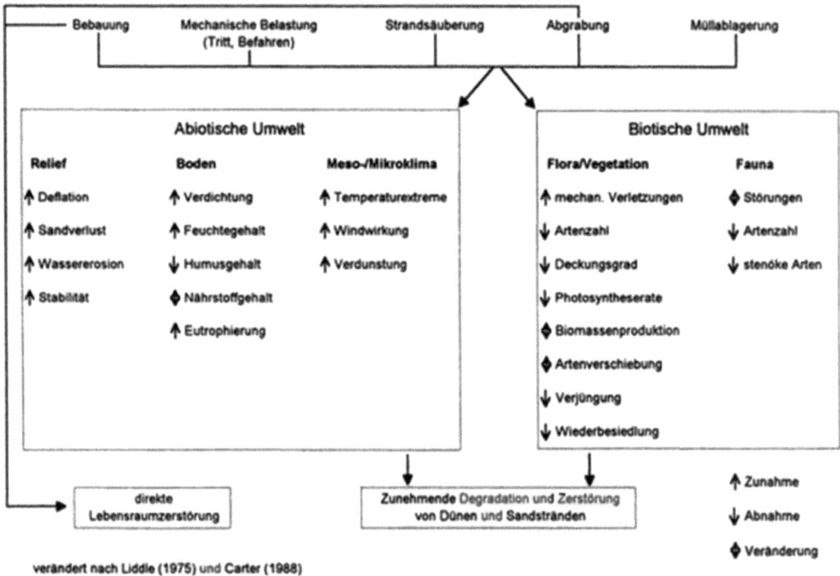

Abb. 6: Wechselwirkungsschema zur Zerstörung und Degradation psammophiler Ökosysteme auf Mallorca durch touristische Aktivitäten (Schmitt 1999: 148)

Durch die hohe Urbanisierung an den Küstengebieten verlor das Sandstrand- und Dünenökosystem auf Mallorca eine erhebliche Menge an Sand. Einen wichtigen Beitrag zum Schutz vor dem Sandabtrag leistet dabei das Neptungras, dessen abgestorbene Blätter sich am Strand ablagern und sich somit auch als Erosionsschutz etabliert haben. Auf Mallorca werden diese abgestorbenen Blätter jedoch als unästhetisch für den Badetourismus angesehen und mechanisch entfernt. Somit entfällt der potenzielle Erosionsschutz aufgrund von touristischen Interessen und die Erosion an den Küstengebieten nimmt weiter zu (Garcia & Servera 2003: 292 ff).

Auch die ökologischen Auswirkungen der Bodenversiegelung auf den Wasserhaushalt, welche durch die starke Bebauung bedingt ist, dürfen nicht unbeachtet bleiben. Diese werden jedoch im nächsten Kapitel weiter thematisiert, wenn die Wasserproblematik auf Mallorca beschrieben wird. Im Hinblick auf das Handlungsfeld Abfall haben die Autoren Arbulu, Lozano und Rey-Maquieira in ihrer Studie gezeigt, dass das touristisch bedingte Abfallaufkommen im Vergleich zu der Erzeugung der lokalen Bevölkerung höher ist. Die Autoren sind zu dem Ergebnis gekommen, dass der Anstieg der Touristenzahlen um 1% eine Erhöhung des Abfallaufkommens um 1,25% erzeuge (Arbulu et al 2017: 278).

Auf Mallorca ist das Abfallmanagement durch die hohen Touristenzahlen stark überlastet, wobei Abfälle häufig unbehandelt auf Deponien gelagert werden. Jedoch ist die Recyclingquote auf der Insel gestiegen, was ein Indikator für eine bessere Abfallbehandlung ist (Kagermeier 2016: 5).

Durch das erhöhte Verkehrsaufkommen durch Kreuzfahrtschiffe, Luftverkehr und den motorisierten Verkehr kommt es sowohl zu einer erhöhten Lärmbelästigung als auch zu einer höheren Abgasbelastung auf der Insel (Lenz & Noland 2013: 14). Dabei ist die Konzentration von klimawirksamen Feinstaubpartikeln besonderes in der Hochsaison überhöht. Während dieser Trockenperiode werden die Grenzwerte oft überschritten. Die Folgen dafür trägt in hohem Maße die mallorquinische Bevölkerung in Form von steigenden sozialen Kosten, die sich in Atemluftkrankheiten, wie zum Beispiel Asthma widerspiegeln (Saenz-de-Miera & Rosselló 2014: 274 ff). Durch die hohen Werte der Feinstaubpartikel in der Luft wird auch der anthropogene Klimawandel vorangetrieben. Welche Auswirkungen dieser auf die Destination Mallorca hat, wird zum Ende dieser Arbeit hin genauer erläutert.

Da die mallorquinische Bevölkerung die aktuelle Situation zunehmend als untragbar einschätzt, kam es zu zahlreichen Protesten. Die mallorquinische Bevölkerung reagierte mit einer verstärkten Orientierung am öffentlichen Personalverkehr (Kagermeier 2016: 6).

Jedoch sind die Auswirkungen auf die lokale Bevölkerung weitreichender. Die Lebenshaltungskosten und die Immobilienpreise sind aufgrund der starken touristischen Nachfrage deutlich angestiegen (Friedrich & Kaiser 2001: 207). Durch diese unzureichende Berücksichtigung der Einheimischen steigt somit das Konfliktpotenzial zwischen der lokalen Bevölkerung und den Touristen. Dieses Konfliktpotenzial wird weiterhin dadurch verstärkt, dass viele ausländische Touristen sich nicht in die mallorquinische Gesellschaft integrieren möchten und kein Interesse daran zeigen, die einheimische Sprache zu lernen. Diese Beobachtung wurde an deutschen Residenzialtouristen gemacht, die auf Mallorca in ihrem Kulturkreis weiterleben, dort deutsches Essen erwerben und konsumieren und auch deutsche Zeitschriften sind auf der Insel verfügbar. Dadurch kommt es zu keinem kulturellen Austausch zwischen den Touristen und der Bevölkerung, sondern vielmehr zu einer kulturellen Anpassung Mallorcas an die Touristen (A. Royle 2009: 232).

5.2 Die Wasserproblematik auf Mallorca

Das Klima im Mittelmeerraum hat einen unmittelbaren Einfluss auf den Wasserhaushalt. Durch die saisonalen Unterschiede der Niederschläge kommt es in der Sommerzeit, in der die größte Trockenheit herrscht, zu Problemen bei der Deckung des Wasserbedarfs. Verschärft wird dieses Problem darüber hinaus dadurch, dass gerade in der Trockenzeit der Wasserbedarf am höchsten ist. Dies ist zum großen Teil auch touristisch bedingt, da Touristen im Vergleich zu den Einheimischen einen größeren Wasserverbrauch aufweisen (Kent et al. 2002: 353)

Folglich ist der Wasserverbrauch pro Kopf an den touristisch geprägten Küstengebieten im Vergleich zum Inselinneren viel höher und liegt bei einigen Gebieten bei über 400 Liter pro Tag (Vgl. Abb. 7).

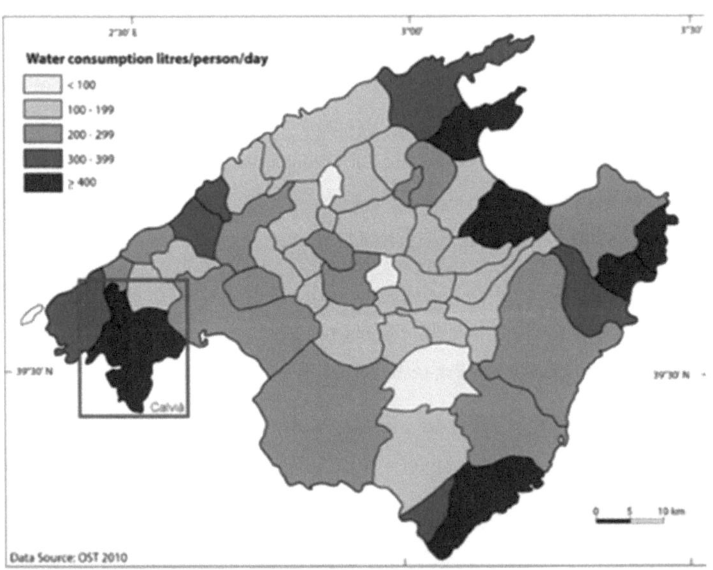

Abb.7: Wasserkonsum Mallorca Liter/Person/Tag (Hof; Angela, Schmitt; Thomas 2010: 795).

Da die Landwirtschaft in Spanien nach Schätzungen ca. 60-80% des Wasserhaushalts für die Bewässerung verwendet, löst der steigende Wasserverbrauch, bedingt durch die zunehmende Zahl an Touristen, Nutzungskonflikte zwischen der Landwirtschaft und dem Tourismus aus (Kent et al. 2002: 352). Dabei sind die Ackerböden der winterfeuchten Subtropen sehr stark von einer guten Bewässerung abhängig, da die dort vorkommenden Cambiosole und Luvisole erst bei einer guten Durchfeuchtung ihre Fruchtbarkeit entfalten (Zech 2014: 52)

Folglich wird zum Teil Wasser aus dem Grundwasser entnommen, um den Wasserbedarf zu decken. Dies führt zu einem stetig sinkenden Grundwasserspiegel, während die zunehmende Bodenversieglung, wie sie im vorherigen Kapitel beschrieben wurde, verhindert, dass Regenwasser in den humiden Monaten in den Boden einsickern kann, um so die Grundwasservorräte wieder zu füllen. Die starke Beschädigung der Grundwasseraquifer auf Mallorca zeigt sich am Beispiel des „S´estremera aquifer", welcher die Hauptstadt Palma mit Wasser versorgt. Dort ist der Grundwasserspiegel von 1976 bis 2000 um mehr als 80 Meter gesunken (Vgl. Abb. 8).

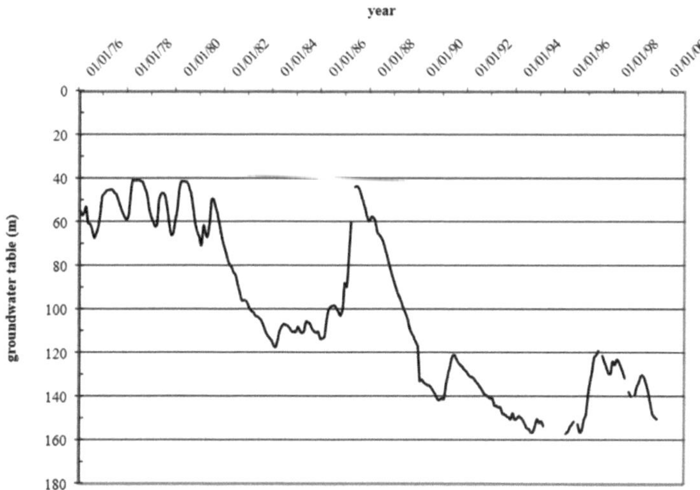

Abb. 8: Entwicklung des Grundwasseraquifer S´estremera seit 1976 (Garcia & Servera 2003: 295)

Diese ökologisch bedenkliche Situation hat auch zum Umdenken der mallorquinischen Regierung geführt und es entwickelten sich Wassermanagementansätze, wie zum Beispiel eine Wasserentsalzungsanlage, die Meereswasser in Trinkwasser umwandelt. Dies ist ein wichtiger Fortschritt, jedoch ergibt sich aus den Anlagen ein hoher Energiebedarf, weshalb sie nicht als ökologisch nachhaltig gelten. Wichtiger sei das Umdenken der lokalen Bevölkerung und vor allem das der Touristen, um die Ressource Wasser umweltbewusster zu nutzen (Kent et al. 2002: 362). Denn immerhin stellt die sichere Verfügbarkeit von Wasser eine wichtige touristische Ressource dar, was bei einer Nichtgewährleistung zu Einbrüchen der Touristenzahlen führt. Das wurde im Frühling 2000 auf Mallorca deutlich, als die

Wasserknappheit und die mangelnde Wasserqualität der Auslöser dafür waren, dass deutsche Touristen die Insel seltener besucht haben (Kent et al. 2002: 352).

5.3 Analyse des Qualitätstourismus als Alternative zum Massentourismus

Im nachfolgendem Kapitel wird untersucht, inwieweit es Mallorca gelungen ist, die ökologischen Probleme, die aus dem Massentourismus resultieren, abzumildern. Durch die sinkenden Touristenzahlen Ende der 1980er Jahre hat sich die Tourismuswirtschaft auf der Insel umstrukturiert. Anstatt des Massentourismus sollte nun der Qualitätstourismus gefördert werden, zu dem unter anderem der Golftourismus und der Residenzialtourismus zählen (Hof & Schmitt 2010: 167ff.).

Eines der wichtigsten Ziele dieser Planung ist der Abbau der Saisonabhängigkeit dadurch, dass durch die Errichtung von Zweitwohnsitzen für den Residenzialurlaub vor allem Senioren und Rentner als Zielgruppe angesprochen werden. Diese Zielgruppe kennzeichnet sich dadurch aus, dass sie die Insel vor allem in den Wintermonaten besucht (Kozak & Rimmington 2000: 263) Ein wichtiges Handlungsprogramm stellte dabei die Lokale Agenda 21 in der Gemeinde Calviá dar, eine stark touristisch geprägte Gemeinde auf Mallorca mit dem Ziel, den Tourismus nachhaltiger zu gestalten. Dabei sollte auf eine nachhaltige Siedlungsentwicklung gesetzt und die starke Bebauung von Küstenzonen verhindert werden (Hof & Schmitt 2010: 167 ff.). In einem Flächennutzungsplan aus 2005 für die Gemeinde Calviá wurde festgelegt, dass der jährliche Zuwachs des Ausbaus von urbanen und als urban ausgewiesenen Flächen nicht höher sein darf als 1% (Hof & Schmitt 2010: 173). Im Zuge der starken Orientierung an dem Residenzialtourismus überschritt der Zuwachs der Wohnungsbebauung in vielen Orten der Gemeinde die als Ziel festgelegte Obergrenze. Exemplarisch sieht man an dem Ort Nova Santa Ponsa, dass die jährliche Zuwachsrate der Wohnbebauung bei 6% liegt. Mit dieser schnellen Zersiedlung der Landschaft kommen die ökologischen Folgeprobleme, die im vorherigen Kapitel besprochen wurden, hinzu und weiter kommt es durch die Bebauung zu einem hohen Verlust an naturnahen Biotopflächen. Die Folge daraus ist, dass diese Flächen keine Funktion mehr als Lebensraum für die Flora und Fauna übernehmen können und die Biodiversität somit abnimmt (Vgl. Tab. 5).

Untersuchungsgebiete in Calvià (Mallorca)

Zuwachs der Wohnbebauung in den für Wohnnutzung ausgewiesenen Flächen des Flächennutzungsplans 1992-2008

	Wohnbebauung 1992-2008			**Naturnahe Biotopflächen 1992-2008**		
	Zuwachs [ha]	**Zuwachs relativ** [%]	**Jährliche Wachstums-rate** [%]	**Verlust** [ha]	**Verlust relativ** [%]	**Jährliche Verlust-rate** [%]
Magaluf	2,4	6,1	0,4	2,7	-39,0	-3,0
Nova Santa Ponsa	92,2	154,9	6,0	94,5	-73,0	-7,8
Sol de Mallorca	22,3	114,0	4,9	23,5	-50,6	-4,3

Tab 5: Zuwachs der Wohnbebauung in den für Wohnnutzung ausgewiesenen Flächen des Flächennutzungsplans 1992-2008 (Schmitt & Hoff 2010: 171)

Die residenzialtouristische Wohnbebauung greift auch zunehmend in das Inselinnere ein und sorgt somit für einen Diffusionseffekt der Bebauung, wobei die Küstenbebauung auch ab 1992 weiter zunahm. Charakteristisch für den Residenzialtourismus ist die Villenbebauung, die zunehmend Kiefernwälder und Feldküstenmacchie verdrängt hat (Vgl. Abb. 9 im Anhang).

Zudem verstärkt die Orientierung an den Qualitätstourismus die Wasserproblematik auf Mallorca. Der damit geförderte Golftourismus gilt als sehr wasserintensiv und auf vielen Golfplätzen auf Mallorca wird trotz der Vorschrift, Brauchwasser für die Bewässerung der Anlagen zu verwenden, trotzdem Grundwasser benutzt, da vor allem im ländlichen Raum nicht genügend geklärtes Abwasser zur Verfügung steht (Schmitt 2000: 62).

Obwohl die Balearen-Regierung im Qualitätstourismus die Chance sieht, neue Arbeitsplätze zu schaffen und die Saisonabhängigkeit abzubauen, hat sich gezeigt, dass diese Tourismusform weniger Arbeitsplätze schafft als der typische Massentourismus (Hof 2015: 117). Zwar wurde die Saison auf Mallorca durch den Qualitätstourismus verlängert und die Zuwachsrate in der Nebensaison der Hotels lag im Jahr 1994 bei 30%, dennoch hat diese Entwicklung zu keiner Entlastung zugunsten der Hauptsaison geführt, sondern viel mehr zu einer generellen Zunahme der Touristenzahlen im Jahresverlauf (Schmitt 2000: 57).

Somit bleibt festzuhalten, dass der Qualitätstourismus die ökologischen Probleme hinsichtlich des Wasserverbrauchs und der Landschaftszerstörung auf der Insel verstärkt und gleichzeitig in ökonomischer Hinsicht der Insel nicht mehr Deviseneinnahmen bietet als der Massentourismus.

6. Künftige Entwicklungsperspektiven

Da der steigende Tourismus an sich durch das erhöhte Verkehrsaufkommen und den damit verbundenen Emissionen den anthropogenen Klimawandel verstärkt, scheint es zum Abschluss von besonderem Interesse zu sein, herauszustellen, wie sich der zunehmende Klimawandel auf die touristischen Destinationen des Mittelmeerraums auswirkt.

Nach Prognosen des EEA- Reports werden für den Mittelmeerraum bis 2060 Temperaturanstiege von bis zu 2% vorausgesagt. Gleichzeitig nehmen Intensität und Häufigkeit der Niederschläge ab. Dabei ist bei diesen Prognosen zu beachten, dass sie sich je nach Lage der Region unterschiedlich auswirken können. Generell wirkt sich der Temperaturanstieg am stärksten im Sommer aus (Hahn 2009: 25-26).

Das Zusammenspiel aus generell sinkenden Niederschlägen und gleichzeitigen Temperaturanstiegen, vor allem in der Trockenzeit, verstärkt die oben für Mallorca dargestellte Wasserproblematik in vielen Regionen des Mittelmeerraums. Im Hinblick auf Mallorca gibt es unterschiedliche Prognosen hinsichtlich der zukünftigen Niederschlagsmengen, da die Insel zwischen zwei verschiedenen Klimazonen liegt und die Wissenschaftler je nach Zuordnung zu unterschiedlichen Prognosen kommen (Hahn 2009: 31).

Unabhängig davon bleibt die Prognose des Temperaturanstiegs auf der Insel bestehen, welcher auch dort die Wasserproblematik vor allem in den Sommermonaten, welche die höchsten Touristenzahlen verzeichnen, verstärkt. Der mit den erhöhten Temperaturen verstärkte Meeresspiegelanstieg ist vor allem für Inseln wie Mallorca ein erhöhtes Risiko. Durch den Grundwasserabbau, welcher durch die starke Übernutzung auf der Insel bedingt ist, kommt es durch den Meeresspiegelanstieg zu einer vermehrten Versalzung der restlichen Grundwasservorräte, da diese immer niedriger werden und somit Salzwasser in die Vorräte eindringen kann (vgl Abb. 10 Anhang). Als Folge daraus wird auch das Grundwasser, sofern es keine sorgfältige Aufbereitung gibt, für die Nutzung unbrauchbar gemacht.

Aus diesem Grund können Mittelmeerländer anhand der zukünftigen Prognosen an Attraktivität verlieren, da Wasser eine wichtige touristische Ressource darstellt. Sollte diese Ressource den Ansprüchen der Touristen nicht genügen, wählen diese für ihren nächsten Urlaub eine andere Reiseregion aus. Somit können sich die Touristenströme auch in der Hinsicht ändern, dass durch die wärmeren Temperaturen die nördlichen Länder Europas an Attraktivität gewinnen können (Hahn 2009: 28 ff.).

Aus diesem Grund scheint es für die Insel Mallorca, aber auch für weitere Destinationen im Mittelmeerraum, unabdingbar zu sein, in ein nachhaltiges Wassermanagement zu investieren, da die Abnahme an Touristenzahlen für Mallorca, dessen Wirtschaft vom Tourismus abhängig ist, zu ökonomischen Problemen führen kann. Auf lange Sicht muss ein Gleichgewicht zwischen Angebot und Nachfrage von Wasser geschaffen werden, um so einer Übernutzung der Grundwasservorräte entgegenzuwirken (Essex et al. 2002: 367- 369).

7. Fazit

Die aufgeführten Auswirkungen des zunehmenden Tourismus, die in dieser Arbeit exemplarisch am Fallbeispiel Mallorca aufgezeigt wurden, lassen sich auch zum großen Teil auf andere Touristengebiete im Mittelmeerraum übertragen, da dort ähnliche klimatische und naturräumliche Voraussetzungen herrschen. Es wurde gezeigt, dass der Bau von touristischer Infrastruktur zu massiven ökologischen Problemen führt, die sich zukünftig negativ auf das touristische Potenzial auswirken können. Eines der herausragendsten Probleme stellt die Wasserknappheit dar, welche im Zuge des Klimawandels weiter verstärkt wird. Auf der Insel Mallorca scheiterte die Umstellung auf den Qualitätstourismus in ökologischer, aber auch ökonomischer Sicht. Diese Tourismusform verschärft die Wasserknappheit und die Landschaftszerstörung und schadet der Insel somit sogar noch mehr als der bereits negativ konnotierte Massentourismus, auch wenn aus ästhetischer Sicht die Villenbebauung den hohen Hotelkomplexen des Massentourismus vorzuziehen ist. Das wichtigste Handlungsfeld auf der Insel wird die Wasserversorgung sein, die hinsichtlich des Trends der steigenden Temperaturen und der sinkenden Niederschläge in Zukunft problematischer wird. Gelingt es Mallorca in Zukunft nicht, seinen Tourismus im Hinblick auf die Wasserversorgung nachhaltiger zu gestalten, kann dies auf der Insel aufgrund der signifikanten Abhängigkeit vom Tourismussektor zu einer nicht zu unterschätzenden ökonomischen Belastung führen, die durch die fehlenden Touristenströme und somit fehlenden wichtigen Deviseneinnahmen ausgelöst wird, da eine sichere Wasserversorgung für die Touristen von essenzieller Bedeutung ist.

III Literaturverzeichnis

Agència d'Estratègia Turística de les Illes Balears, 2017. El turisme a les Illes Balears Anuari 2016.

http://www.caib.es/sites/estadistiquesdelturisme/ca/anuaris_de_turisme-22816/, abgerufen: 4. August 2018.

Agència d'Estratègia Turística de les Illes Balears, 2011. El turisme a les Illes Balears Anuari 2011.

http://www.caib.es/sites/estadistiquesdelturisme/ca/anuaris_de_turisme-22816/, abgerufen: 4. August 2018.

A.Royle, S., 2009. Tourism Changes on a Mediterranean Island: Experiences from Mallorca: Island Studies Journal, 225-240.

Arbulu, I., Lozano, J., Rey-Maquieira, J., 2017. Waste Generation Flows and Tourism Growth: A STIRPAT Model for Mallorca: Journal of Industrial Ecology, 272-281.

Cassel- Gintz, M., Harenberg, D., 2002. Syndrome des Globalen Wandels als Ansatz interdisziplinären Lernens in der Sekundarstufe. BLK- Programm „21“, Berlin.

Deyá Tortella, B., Tirado, D., 2011. Hotel water consumption at a seasonal mass tourist destination. The case of the island of Mallorca.: Journal of Enviromental Managment, Vol. 92(10), 2568-2579.

DIERCKE Weltatlas, 2008. Balearen- Tourismus. 1. Aufl. Braunschweig: Westermann, 89.

Friedrich, K., Kaiser, C., 2001. Rentnersiedlungen auf Mallorca? Möglichkeiten und Grenzen der Übertragbarkeit des nordamerikanischen Konzeptes auf den „Europäischen Sunbelt“: Europa Regional, 204-211.

Garcia, C., Servera, J., 2003. Impacts of tourism development on water demand and beach degradation on the Island of Mallorca (Spain): Geografiska Annaler, 287-300.

Hahn, I., 2009. Klimawandel und Tourismus im Mittelmeerraum: Mitigations- und Adaptionsstrategien für Reiseveranstalter. Diplomica Verl, Hamburg.

Hof, A., Schmitt, T. 2010. Flächenverbrauch durch Qualitätstourismus auf Mallorca- Analyse und Bewertung im Kontext der Entwicklungsziele der Calviá Agenda Local 21. Regional, 16.2008(4), 167-177.

Hof, A., Schmitt, T., 2011. Urban and tourist land use patterns and water consumtion: Evidence from Mallorca, Balearic Islands: Land Use Policy, Vol. 28 (4), 792-804.

Hof, A., 2015. Residenzialtourismus auf Mallorca: urbantouristische Raumproduktion und regionale Muster: Europa Regional, 107-121.

Kagermeier, A., Popp, H., 2000. Strukturen und Perspektiven der Tourismuswirtschaft im Mittelmeerraum: Petermanns geographische Mitteilungen, S.64-77.

Kagermeier, A., 2016. Tourismus im Mittelmeerraum- zwischen Wachstumsgrenzen und Produkterneuerung: Geographische Rundschau, S. 1-10.

Kent, M., Newnham, R., Essex, S., 2002. Tourism and sustainable water supply in Mallorca; a geographical analysis: Applied Geography, 351-374.

Kozak, M., Rimmington, M., 2000. Tourist Satisfaction with Mallorca, Spain, as an Off-Season Holiday Destination: Journal of Travel Research, 260-269.

Lenz, T.; Noland, S., 2013. Mass Tourism at the Mediterranean. : Reasons, processes and impacts.: Geographie heute, 14-21.

Paulus, M., 2015. Mallorca- eine Insel vor dem Ausverkauf?: Praxis Geographie, 15-19.

Saenz-de-Miera, O., Rosselló, J., 2014. Modeling tourism impacts on air pollution: The case study of PM10 in Mallorca: Tourism Managment, 273-281.

Schmitt, T., 1999. Ökologische Landschaftsanalyse und -bewertung in ausgewählten Raumeinheiten Mallorcas als Grundlage einer umweltverträglichen Tourismusentwicklung. Steiner, Stuttgart.

Schmitt, T., 2000. „Qualitätstourismus“- eine umweltverträglicher Alternative Entwicklung auf Mallorca?: Geographische Zeitschrift, 88 (1), 53-65.

Schultz, J., 2016. Die Ökozonen der Erde. UTB, Stuttgart.

United Nations World Tourism Organization, 2017. Tourism Highlights 2017. https://www.e-unwto.org/doi/pdf/10.18111/9789284419029, abgerufen: 11. Juni 2018.

Welt ONLINE- Axel Springer SE 2017. Wenn der Massentourismus Traumlandschaften ruiniert.

https://www.welt.de/icon/unterwegs/article168028062/Wenn-der-Massentourismus-Traumlandschaften-ruiniert.html, abgerufen 4. August 2018, eingestellt: 28.08.2017.

Zech, W., Schad, P., Hintermaier-Erhard, G., 2014. Böden der Welt. Springer Berlin Heidelberg.

IV Anhang

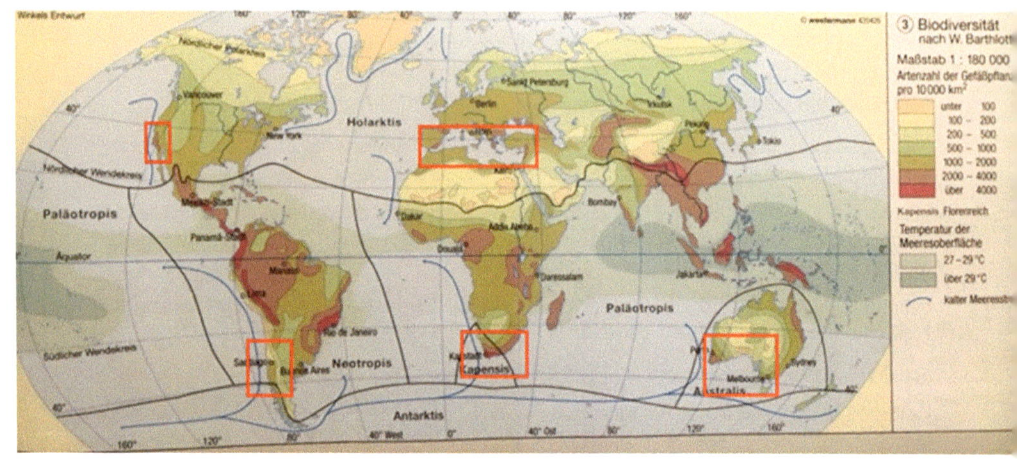

Abb. 3 Biodiversität (Diercke 2008: 237 verändert)

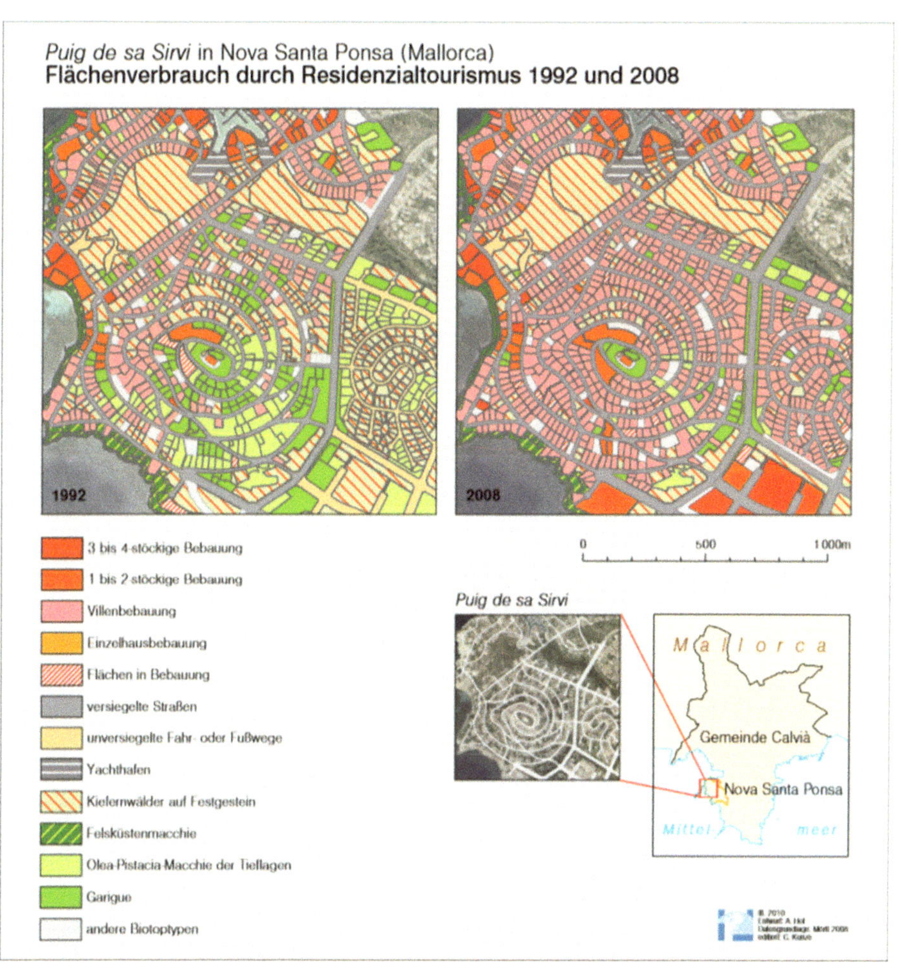

Abb. 9: Flächenverbrauch durch Residenzialtourismus am Puig de sa Sirvi in Nova Santa Ponsa (Hof & Schmitt 2010: 172)

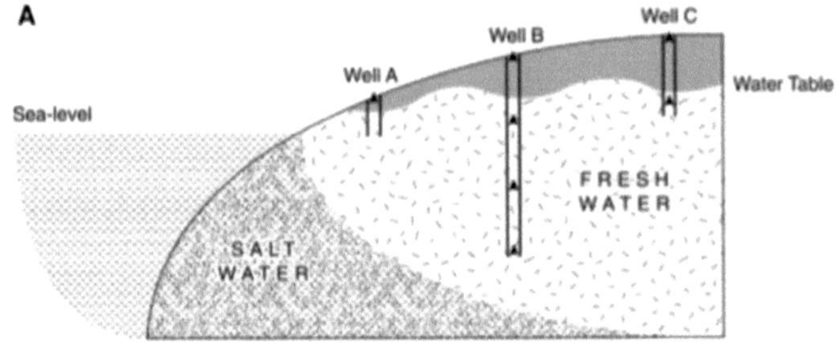

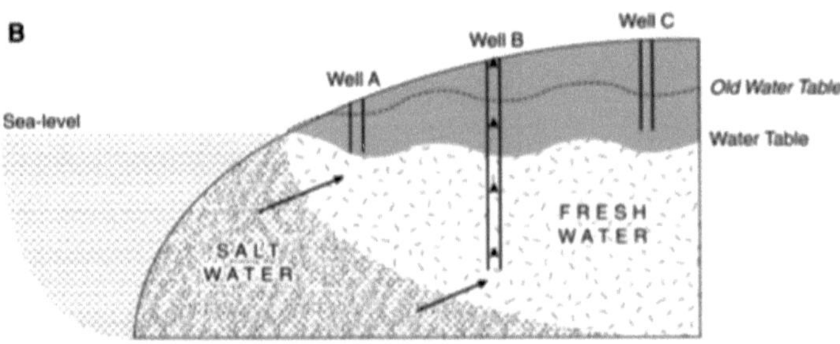

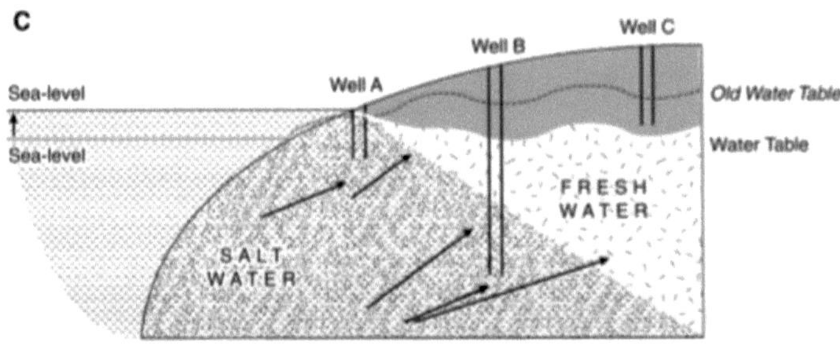

Fig. 7. Conceptual model of groundwater depletion and saltwater intrusion at the Mallorcan coast as a consequence of both over-exploitation and sea-level rise. The model assumes isotropic conditions and intergranular flow through a porous medium. (a) Original situation; (b) over-exploitation only, resulting in depletion of groundwater reserves and some saltwater intrusion; (c) both sea-level rise and over-exploitation resulting in further groundwater depletion and saltwater intrusion.

Abb. 10: Zusammenwirken von Grundwasserentnahme und Meeresspiegelanstieg an der mallorquinischen Küste (Kent et al. 2002: 368)